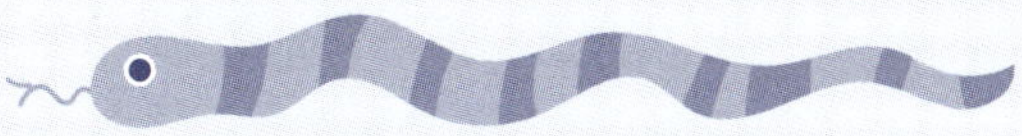

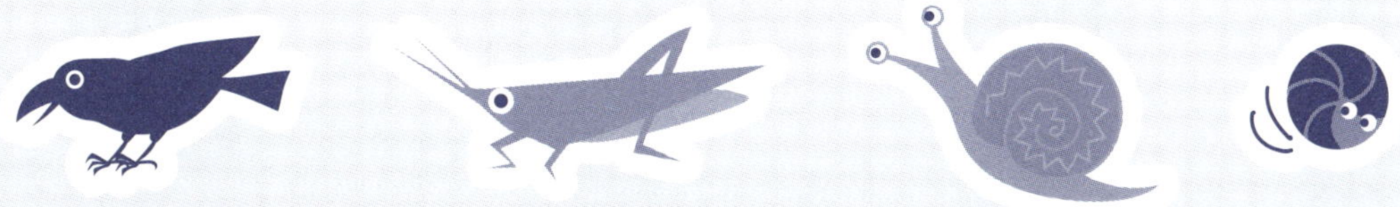

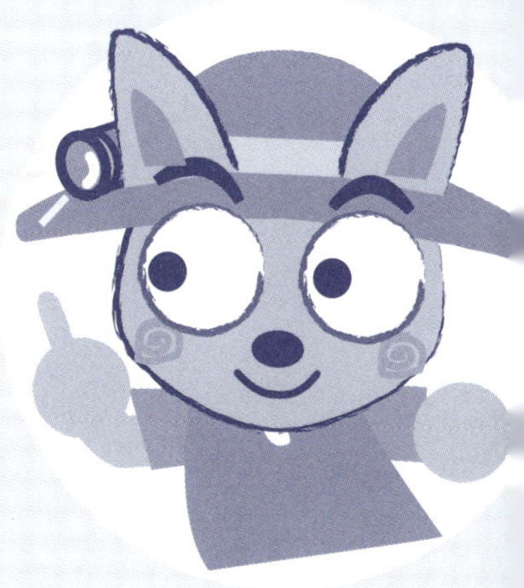

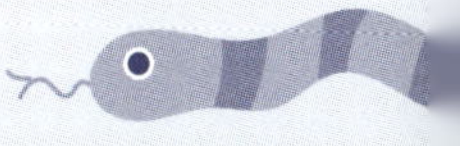

さがそう！生きものかくれんぼ②

山の かくれんぼ

監修　今泉忠明

もくじ

山の かくれんぼ

この 本の つかいかた‥‥3

森の 木で かくれんぼ❶ ‥‥4
　しってる？　よう虫は きせつによって すがたを かえる
　　　　　　　ゴマダラチョウ‥‥8

森の 木で かくれんぼ❷ ‥‥9
　しってる？　木の 上を みてみよう！ すあなの 生きものたち‥‥12

森の 木で かくれんぼ❸ ‥‥13
　まだまだ いるよ！ 森の 木で かくれんぼ!!‥‥16
　しってる？　ちかに すあなを めぐらす ニホンアナグマ‥‥18

森の 草むらで かくれんぼ❶ ‥‥19

森の 草むらで かくれんぼ❷ ‥‥21
　まだまだ いるよ！ 森の 草むらで かくれんぼ!!‥‥23
　しってる？　はっぱを まいて たまごを かくす オトシブミ‥‥24

たかい 山で かくれんぼ ‥‥25
　まだまだ いるよ！ たかい 山で かくれんぼ!!‥‥28

がけの 上で かくれんぼ ‥‥29
　まだまだ いるよ！ がけの 上で かくれんぼ!!‥‥31
　しってる？　がけを すみかに する うみべの とりたち‥‥32

どうくつで かくれんぼ ‥‥33
　まだまだ いるよ！ どうくつで かくれんぼ!!‥‥36
　しってる？　くらやみは 大とくい！ しょうにゅうどうの 生きもの‥‥37
　さくいん‥‥38

この 本の つかいかた

「さがそう! 生きものかくれんぼ」では、いろいろな ばしょに かくれんぼを して くらしている 生きものを しょうかいします。

この だい2かんでは、「山の かくれんぼ」を とりあげます。

本の なかでは、下のように **4つの ステップ**で 生きものを しょうかいします。

1 かくれている 生きものを さがす ページ

生きものさがしの ヒント

2 かくれていた 生きものが みつかる ページ

かくれかたや からだの しくみ

かくれていた 生きものの データ

この 生きものや なかまについての ミニじょうほう

3 ほかの かくれている 生きものを しょうかいする ページ

生きものの なまえ

かくれかたや からだの しくみ

4 しっておくと おもしろい 生きものの じょうほうを しょうかいする ページ

ことばの つかいかたに ちゅういしよう!

ぜんちょう・・・あたまの 先から おの 先までの ながさ

たいちょう・・・あたまの 先から おの つけねまでの ながさ

3

森の 木で かくれんぼ ①

森の 木に かわった すがたの 生きものが、かくれているよ。さがしてみよう！

もう いいかい？

森の 木で かくれんぼ ❶

もう いいよ！

ヒント！
木の えだに 虫が 2ひき
かくれているよ！

こたえは つぎの ページ

5

み〜つけた!

かくれていたのは……
コノハチョウ!!

はねを かれはに にせて、すがたを まぎらわす

◆ はねを ひろげた 大きさ　70〜85mm
◆ すむ ばしょ
　みなみの しまの 山ちの 川ぞい

　コノハチョウは はねが かれた 木の はに そっくりなため、この なまえが つけられました。木の えだに とまっていても かれた はっぱと みわけが つきません。
　はねを よく みると、はっぱのような すじも ついています。まるで はっぱに なりきっているかのようです。

はねの うらがわ

森の 木で かくれんぼ❶

はねの うらと おもてで もようが ちがう！

　コノハチョウの はねの うらがわは かれはに にていますが、おもてがわの もようは、うらとは まるで ちがいます。

　だいだいいろと こい 青いろとで、うつくしい もようを つくっています。

　しかし、この うつくしい もようが、みられるのは えだなどに とまった しゅんかんだけです。すぐに はねを とじてしまうため、ふだん みられるのは、かれはのような はねの うらがわだけです。

はねの うらがわ

かれはに にている

はねの おもてがわ

はねの いろが うつくしい

コノハチョウの なかま、アカタテハの よう虫の す

コノハチョウの なかまには、よう虫が かわった かくれかたを する 虫が います。
アカタテハの よう虫は、口から 糸を はきだし、カラムシなどの しょくぶつの はっぱを つなぎあわせて、すを つくって、そこに かくれます。

◆よう虫の たいちょう　2〜40mm
◆すむ ばしょ
　林や みちなどに はえる カラムシなど

せい虫

木の はを まいて かくれる

しってる？

よう虫は　きせつによって　すがたを　かえる
ゴマダラチョウ

コノハチョウの　なかまの　ゴマダラチョウは、よう虫の　うまれる　きせつによって　すがたが　かわります。エノキなどの　はっぱを　たべて　そだちます。

◆よう虫の　たいちょう
3～40mm

◆すむ　ばしょ
エノキの　はっぱ

ゴマダラチョウの　よう虫

ふゆの　よう虫

なつの　よう虫

きせつによって　はっぱの　いろは　かわりますが、よう虫も、うまれる　きせつによって　からだの　いろが　ちがいます。上の　しゃしんは　ふゆ、右の　しゃしんは　なつの　よう虫です。

せい虫の　はねの　おもてがわ

せい虫の　はねの　うらがわ

◆はねを　ひろげた　大きさ　60～85mm

森の 木で かくれんぼ ❷

森の 木の みきの
なかに 生きものが
かくれているよ。
さがしてみよう！

もう いいかい？

もう いいよ！

ヒント！
小さな あなから かおを のぞかせた
生きものが みえるよ！

こたえは つぎの ページ

み〜つけた!

かくれていたのは……
エゾモモンガ!!

◆ **たいちょう** 15〜16cm
◆ **すむ ばしょ** 森林、山ち

木の みきに すを つくる!

　エゾモモンガは リスの なかまです。きたの さむい ちいきに すんでいて、森の 木に すあなを つくって、かくれます。

　エゾモモンガは たいてい 木の ほらや キツツキの すを つかって、じぶんの すに します。

　ふゆを こす ときには、この あなに たくさんの エゾモモンガが あつまって、おたがいに からだを あたためあいます。

す

子ども

森の　木で　かくれんぼ❷

まくを　つかって
とりのように　とびまわる！

　エゾモモンガは　よるに
かつどうし、木と　木の　あいだを
すべるように　とびまわり、
たべものを　さがします。

　エゾモモンガが　とぶ　ときは、
まえあしと　うしろあしの　あいだに
ある　まくを　つばさのように
ひろげて、とびます。

　とぶ　スピードが　はやいため、
とりが　とんでいるように
みえる　ことも　あります。

おっぽは　たいら

大きな　目は　よるでも　よく　みえる

まえあしと　うしろあしの　あいだに　ある　まくを　つかって　とぶ

お

まく

11

しってる？

木の 上を みてみよう！
すあなの 生きものたち

　エゾモモンガなどの リスや ヤマネの なかまは 木の みきに すあなを つくって かくれます。なかには エゾモモンガのように 木と 木の あいだを とぶ ことが できる ものも います。

　森に 入ったら、木の すあなに ちゅういを してみましょう！

ホオジロムササビ

すあなに かくれる

　ひるは 木の すあなに かくれ、よる かつどうします。木と 木の あいだを とぶ きょりは 160mを こす ことも あります。
◆ **たいちょう** 34〜48cm
◆ **すむ ばしょ** 森林、山ち

すあなから でる

木の えだの 下がわを うごきまわる

ヤマネ

すあなに かくれる

　ひるは 木の すあなに かくれ、よる かつどうします。ふゆは すあなに コケを たくさん あつめて、そこで とうみんします。
◆ **たいちょう** 68〜84mm
◆ **すむ ばしょ** 森林、山ち

森の 木で かくれんぼ ③

森の 木の 下に
生きものが かくれているよ。
さがしてみよう！

もう いいかい？

もう いいよ！

ヒント！
木の ねもとに くろい
どうぶつが かくれているよ！

こたえは つぎの ページ

み〜つけた!

かくれていたのは……
ツキノワグマ!!

木の うろに かくれて ふゆを すごす!

　ツキノワグマは、ふゆに なると、木の うろ(木に できた あな)などに こもって ふゆを こします。メスが 子どもを うむ ときは、この ふゆごしの あいだに うみます。はるには、おやこで そとに でてきます。

　ツキノワグマは、木のぼりが とくいなので、ほそい 木でも じょうずに のぼる ことが できます。

◆ たいちょう　120〜180cm
◆ すむ ばしょ　森林

カキノキの みを たべる

森の 木で かくれんぼ❸

木の 上の かくれが?

あきに なると、森の 木の 上に えだを たくさん あつめた 大きな とりの すのような ものを みかける ことが あります。

これは 「クマだな」と いいます。ツキノワグマが ナラ、クリなどの 木に のぼり、木の みを えだごと おって たべた あと、のこった えだを しりの 下に しいて できた ものです。

クマだな

ヒグマの ふゆごし

ヒグマの ふゆごしは 木の うろなどの しぜんに できた あなを つかいません。じぶんで よこあなを ほって すあなを つくります。子どもを うむ ときは、ふゆに この あなで うみます。

ヒグマ

◆ たいちょう 130〜250cm
◆ すむ ばしょ
森林、草げんなど

ヒグマが ほって つくった すあな

15

まだまだ いるよ！
森の 木で かくれんぼ!!

森の 木には、みきや えだ、はっぱに まぎれて、かくれんぼを している 生きものが ほかにも たくさん いるよ。

エゾシマリス

おもに ちじょうで かつどうします。木の 上では、からだの いろが ちゃいろのため、木に とけこんで みつかりにくいです。すは 土の なかに あります。

- ◆たいちょう 12〜15cm
- ◆すむ ばしょ 森林

ニホンザル

ふだんは 木の 上で、はっぱや みなどを たべて、くらしています。からだの いろが ちゃいろのため、木に まぎれて みつかりにくいです。

- ◆たいちょう 47〜60cm
- ◆すむ ばしょ 森林、山ち

メダマカレハカマキリ

森に くらす カマキリの なかまです。からだぜんたいが はっぱのような かたちを しています。かれはの あいだに かくれて、えものを ねらいます。

- ◆たいちょう やく10cm
- ◆すむ ばしょ 東南アジアの 森林

オオムカデ

からだの いろが 木はだに にて くらいため、みつかりにくいです。よるに かつどうします。

- ◆たいちょう やく8cm
- ◆すむ ばしょ おちばや くちた 木の なか、石の 下

マダガスカルヘラオヤモリ

森林の 木に くらしています。からだぜんたいに ひだのような ひふの まくが あり、木の ひょうめんに まぎれています。

- ◆ぜんちょう 22〜30cm
- ◆すむ ばしょ アフリカ・マダガスカル島の 森林の 木の 上

しってる？

ちかに　すあなを　めぐらす
ニホンアナグマ

森の　木の　下に　すあなを　はりめぐらす　イタチの　なかまが　います。ニホンアナグマです。まるで　モグラのように　すあなを　ちかに　ひろげます。

ニホンアナグマ

ちかに　めぐらされた　すあな

木の　下の　すあなの　入り口

ふかさ　1mいじょうの　あなを　ほります。あなほりが　じょうずで、土の　なかに　いる　ミミズの　ほか、くだものや　ネズミなどを　たべます。土に　ほった　すあなの　なかで、6とうくらいが　いっしょに　くらしています。

◆ **たいちょう**　56～90cm
◆ **すむ　ばしょ**　森林

森の 草むらで かくれんぼ ①

森の 草むらに ちゃいろの 生きものが、かくれているよ。さがしてみよう!

もう いいかい?

もう いいよ!

ヒント!
森の なかから だれかが こっちを みているよ!

こたえは つぎの ページ

19

み～つけた!

ふゆげの メス

かくれていたのは……
ニホンジカ!!

◆ たいちょう　150～200cm
◆ すむ ばしょ　森林、草げん

やぶや 木に まぎれて てきの 目を のがれる!

　ニホンジカは、森や 草げんに むれに なって、くらしています。

　きせつによって けの いろが かわります。なつは ちゃいろで、ふゆに なると はいいろっぽくなります。やぶや 木に まぎれると、みつけにくくなります。

　オスには、つのが ありますが、メスには ありません。

おしりの けは 白い

なつげの メス

森の 草むらで かくれんぼ ❷

森の 草むらに くねくねした 生きものが、
かくれているよ。さがしてみよう！

もう いいかい？

もう いいよ！

ヒント！
草むらの なかに ほそながい
生きものが 1ぴき かくれているよ！

こたえは つぎの ページ

み～つけた!

かくれていたのは……
ヤマカガシ!!

◆ ぜんちょう　70〜150cm
◆ すむ　ばしょ　山ちの　しゅうへん、水べなど

まだらもようで　じめんや草に　まぎれる!

　山ちの　しゅうへんや、川ぎしなどに、ふつうに　みられますが、からだの　ひょうめんに　くろと、赤の　まだらの　もようが　あり、草むらでは、気づかれにくいです。
　いわの　下に、じっと　かくれて、えものを　ねらっている　ことも　あります。

いわの　下に　かくれる

※注意!　どくヘビです。ちかづかないように　しましょう。

まだまだ いるよ！
森の 草むらで かくれんぼ!!

森の 草むらには、じめんや はっぱに まぎれて かくれんぼを している 生きものが ほかにも いるよ。

ヤマアカガエル

かれはの 下に かくれています。
からだの いろが かれはの いろに にて、みつけにくいです。
- ◆たいちょう　36〜78mm
- ◆すむ ばしょ　おかから 山ち

カレハバッタ

東南アジアに すむ バッタの なかまです。
からだぜんたいが、かれはのように みえます。
- ◆たいちょう　やく3cm
- ◆すむ ばしょ　ねったいの 森

カレハツユムシ

はっぱの みどりいろや かれた いろに そっくり

南アメリカに すんでいる ツユムシです。からだの 一ぶが、はが かれたように みえます。
- ◆たいちょう　やく2cm
- ◆すむ ばしょ　ねったいの 森

しってる？

はっぱを まいて たまごを かくす
オトシブミ

オトシブミ

オトシブミは、クリや クヌギの ちかくで みられる 虫です。

オトシブミの メスは、はる 木の はを まいて、そこへ たまごを うみつけます。まかれた 木の はは、下に おとされます。草むらなどに おちると、みつけるのは とても むずかしいです。

たまごから かえった よう虫は、はっぱを たべて、大きくなります。

◆たいちょう 8～10mm
◆すむ ばしょ 森や 林

オトシブミが ゆりかごを つくるまで

はっぱを まきはじめる

たまごを うみつけた あと ゆりかごを おとす

ゆりかご

ゆりかごを きってみると なかには たまごが 入っている

はる、わかい はっぱに とんできた オトシブミの メスは、はっぱに きれめを いれ、2つに おりたたみ、まきあげます。はっぱを まきおわると、あなを あけて、なかに たまごを うみつけます。これは、「ゆりかご」と よばれ、たまごと よう虫を まもります。

たかい 山で かくれんぼ

ゆきの つもった たかい 山に
白い 生きものが、かくれているよ。
さがしてみよう！

もう いいかい？

もう いいよ！

ヒント！
ゆきと おなじ いろの
とりが かくれているよ！

こたえは つぎの ページ

み〜つけた!

ふゆげ

かくれていたのは……
ライチョウ!!

からだの 白さで てきを あざむく!

ライチョウは、2400mいじょうの たかい 山に すむ とりです。

ふゆ たかい 山に、ゆきが ふると、ライチョウの はねは、ゆきに とけこむように まっ白に なります。

はるには、ハイマツと いう せの ひくい しょくぶつに とけこむように はねは くろっぽくなります。

- ◆ぜんちょう やく37cm
- ◆すむ ばしょ
  いわば、ハイマツが はえている たかい 山

なつげ

たかい 山で かくれんぼ

とりは かくれんぼの 名人

とりたちは、みを まもるために じぶんの からだを かくす ことの できる ばしょで、くらします。
山の いわばや 林などには、からだが とけこんで 目だたない ちゃいろの とりたちが かくれて くらしています。

イワヒバリ

たかい 山の いわばに すみ、からだの いろが いわに にているため、とけこんで、目だちません。
- ◆**ぜんちょう** やく18cm
- ◆**すむ ばしょ** たかい 山の いわば、草はら、ふゆは 林

カヤクグリ

せなかが 赤ちゃいろで、林に いると、ほとんど 目だちません。
- ◆**ぜんちょう** やく14cm
- ◆**すむ ばしょ**
　ハイマツが はえている たかい 山など

ホシガラス

林の 草むらに いると、まわりに とけこんで、すがたが かくれます。
- ◆**ぜんちょう** やく35cm
- ◆**すむ ばしょ** たかい 山や やや ひくい 山の 林

27

まだまだ いるよ!
たかい 山で かくれんぼ!!

たかい 山には、じぶんの すがたを
かえたり、いわの 下に かくれたりする
生きものが いるよ。

オコジョ

イタチの なかまで、ふゆに
なると、からだの けが 白く
はえかわります。すがたは
ゆきに とけこんで、
みつかりにくいです。

- ◆ たいちょう 17〜24cm
- ◆ すむ ばしょ
  森林、山ち、草げんなど

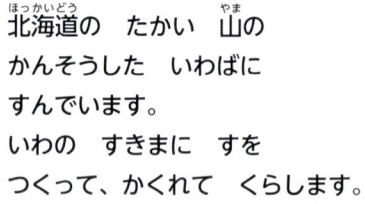

なつげ

ふゆげ

キタナキウサギ

いわの 上で
「チッ、チッ」と なく

北海道の たかい 山の
かんそうした いわばに
すんでいます。
いわの すきまに すを
つくって、かくれて くらします。

- ◆ たいちょう 115〜163mm
- ◆ すむ ばしょ 山ちや 草げん

いわの すきまに
すを つくる

がけの 上で かくれんぼ

がけの 上に、生きものが いるよ。
さがしてみよう！

もう いいかい？

もう いいよ！

ヒント！
3とうの 生きものが
かくれているよ！

こたえは つぎの ページ

29

み〜つけた！

かくれていたのは……
ニホンカモシカ!!

◆たいちょう　70〜85cm
◆すむ　ばしょ　山ちや　森林

てきが　ちかよれない　がけで　くらす！

　ニホンカモシカは、おもに　山に　くらす　ウシの　なかまです。

　むれを　つくらず　ほとんどが　1とうで　くらしています。ひづめが　大きいので、がけを　いききするのに　むいています。

　てきが　ちかづけない　がけに　にげて　かくれていれば、あんしんして　くらす　ことが　できます。

オス、メスとも、つのが　ある

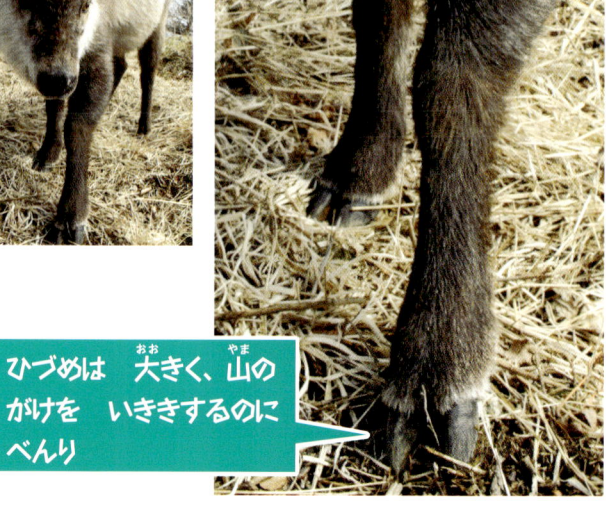

ひづめは　大きく、山の　がけを　いききするのに　べんり

まだまだ いるよ！
がけの 上で かくれんぼ!!

がけには、じぶんの みを まもったり、えものを ねらったりするために かくれんぼを している 生きものが ほかにも たくさん いるよ。

アイベックス

てきから にげかくれるため、いわ山で くらし、けわしい がけを すばやく はしりまわります。たかさが 500〜5000mの 山に すみます。

- ◆ **たいちょう** 120〜170cm
- ◆ **すむ ばしょ** ヨーロッパや アフリカなどの 山ち

ユキヒョウ

たかさが 5000mにも たっする たかい 山やまに すんでいます。ひるまは、がけの 上などで すごしますが、けの もようが まわりに とけあって、みつかりにくいです。

- ◆ **たいちょう** 100〜130cm
- ◆ **すむ ばしょ** アジア大陸の 山ちや、たかい 山の 草げん

シロイワヤギ

たかく ゆきぶかい 山の がけに すんでいます。からだが 白く、ゆきに すがたを かくします。

- ◆ **たいちょう** 120〜160cm
- ◆ **すむ ばしょ** 北アメリカの たかい 山の いわばなど

しってる？ がけを すみかに する
うみべの とりたち

山の がけの ほか、うみに めんした がけにも すを つくって、くらしている 生きものが います。

うみぞいの がけに むれで あなを ほって、すに する

すあな

ウトウ

がけなどに よこあなを ほって、すみかとし、そこに かくれます。
- ◆ぜんちょう　やく38cm
- ◆すむ　ばしょ　うみに ちかい がけ

エトピリカ

きたの うみで くらし、しまの がけの 草ちに 1mほどの よこあなを ほり、かくれて、子そだてを します。
- ◆ぜんちょう　やく39cm
- ◆すむ　ばしょ
　　さむい ちいきの うみに ちかい がけ

がけの すきまに あなを ほって、すを つくる

32

どうくつで かくれんぼ

どうくつに つばさを もった 生きものが、かくれているよ。さがしてみよう！

もう いいかい？

もう いいよ！

ヒント！
生きものが てんじょうから ぶらさがって かくれているよ！

こたえは つぎの ページ

み～つけた!

かくれていたのは……
キクガシラコウモリ!!

◆**たいちょう** 63〜82mm
◆**すむ ばしょ** どうくつ、いわば、森林

どうくつの なかに つりさがって かくれる!

　キクガシラコウモリは、まっくらな どうくつに かくれて くらしています。
　ふだん どうくつの なかでは、じめんに おりずに、てんじょうに ぶらさがって、休んでいます。
　夕がた、たべものを さがしに いく ときには どうくつの そとに むれで でかけます。

てんじょうから つりさがる

1かしょに あつまって くらす

　ひるまの どうくつでは、おおい ときには 50とうもの キクガシラコウモリが、1かしょに あつまって 休みます。
　また、むれで 子どもを うみ、そだて、ふゆごしも します。

ちょう音ぱで くらやみを さぐる！

キクガシラコウモリは はなから ちょう音ぱを だす ことが できます。えものを とらえる ときには、この ちょう音ぱと 大きな 耳を つかって、えものを つかまえます。

ちょう音ぱが ガに あたって はねかえる 音を きいて、ガの いちを しる

とんできた ガ

まだまだ いるよ！
どうくつで かくれんぼ!!

どうくつには、くらやみに みを ひそめて かくれんぼを している 生きものが ほかにも たくさん いるよ。

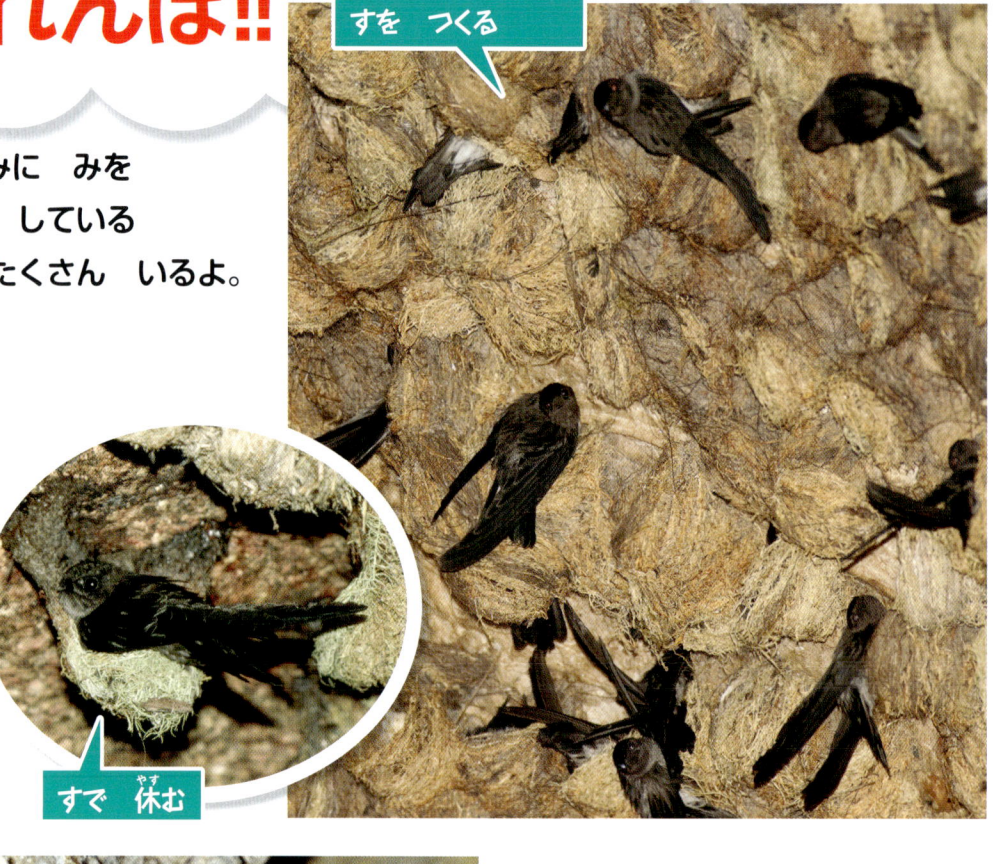

どうくつの かべに すを つくる

ドウクツアナツバメ

どうくつの いわの かべに だえきで わらなどを かためて、すを つくり、かくれます。

- ◆ ぜんちょう 90〜115mm
- ◆ すむ ばしょ どうくつ

すで 休む

アブラヨタカ

ひな

ひるまは どうくつに かくれ、よる そとに でて、かつどうします。どうくつの なかで 子そだてを します。

- ◆ ぜんちょう 40〜49cm
- ◆ すむ ばしょ どうくつ

しってる？

くらやみは 大とくい！
しょうにゅうどうの 生きもの

しょうにゅうどうは ながい あいだに ちかの いわが 水によって すこしずつ とかされて できた どうくつです。まっくらな しょうにゅうどうには、くらやみに なれた 生きものが かくれています。

くらい なかに いるため、目は ほとんど みえません。

ホライモリ

目は 小さく ほとんど みえない

しょうにゅうどうの 水の なかに すんでいます。目は ひふに おおわれて、ほとんど みえません。からだは まっ白です。
- ◆ぜんちょう 20～30cm
- ◆すむ ばしょ ヨーロッパの しょうにゅうどうの なかの 川など

ブラインドケーブカラシン

うろこに おおわれて、目が みえない

どうくつの 水の なかに すんでいます。目は、うろこに おおわれて みえません。からだは まっ白です。
- ◆たいちょう やく8cm
- ◆すむ ばしょ ちゅうおうアメリカの しょうにゅうどうの なかの 川など

たいちょうと おなじくらいの しょっかくきを もち、くらがりの なかでも まわりの ものを みわけます。
- ◆たいちょう 12～23mm
- ◆すむ ばしょ しょうにゅうどうなどの どうくつ、林の なかなど

カマドウマ

ひげのような しょっかくき

さくいん

あ

アイベックス……………………31
アカタテハ………………………7
アブラヨタカ……………………36
イタチ………………………18、28
いわば……………26、27、28、31、34
イワヒバリ………………………27
ウトウ……………………………32
うみ………………………………32
うみべ……………………………32
うろ…………………………14、15
エゾシマリス……………………16
エゾモモンガ………………10、11、12

エトピリカ………………………32
お…………………………………11
オオムカデ………………………17
オコジョ…………………………28
オトシブミ………………………24

か

ガ…………………………………35
カキノキ…………………………14
がけ………………………29、30、31、32
カマキリ…………………………17
カマドウマ………………………37
カヤクグリ………………………27

カレハツユムシ…………………23
カレハバッタ……………………23
川(かわ)…………………………37
川(かわ)ぎし……………………22
川(かわ)ぞい……………………6
キクガシラコウモリ…………34、35
キタナキウサギ…………………28
草(くさ)むら……19、21、22、23、24、27
クマだな…………………………15
コケ………………………………12
コノハチョウ…………………6、7、8
ゴマダラチョウ…………………8

さ

山(さん)ち………6、10、12、16、22、23、28、30、31
しま……………………………6、32
しょうにゅうどう………………37
しょっかくき……………………37
シロイワヤギ……………………31
森林(しんりん)……10、12、14、15、16、17、18、20、28、30、34
すあな……………10、12、15、18、32
せい虫(ちゅう)………………7、8
ぜんちょう………………………3
草(そう)げん……………15、20、28、31

た

- たいちょう……………………………… 3
- たまご…………………………………… 24
- ちょう音ぱ……………………………… 35
- ツキノワグマ………………………… 14、15
- つの………………………………… 20、30
- ツユムシ………………………………… 23
- どうくつ………………… 33、34、35、36、37
- ドウクツアナツバメ…………………… 36

な

- なつげ……………………………… 20、26、28
- ニホンアナグマ………………………… 18
- ニホンカモシカ………………………… 30
- ニホンザル……………………………… 16
- ニホンジカ……………………………… 20

は

- バッタ…………………………………… 23
- 林………………………………… 7、24、27、37
- ヒグマ…………………………………… 15
- ひづめ…………………………………… 30
- ふゆげ……………………………… 20、26、28
- ブラインドケーブカラシン…………… 37
- ヘビ……………………………………… 22
- ホオジロムササビ……………………… 12
- ホシガラス……………………………… 27
- ホライモリ……………………………… 37

ま

- まく………………………………… 11、17
- マダガスカルヘラオヤモリ…………… 17
- 水べ……………………………………… 22
- ムササビ………………………………… 12
- 目…………………………………… 11、20、37
- メダマカレハカマキリ………………… 17
- もよう……………………………… 7、22、31
- 森……… 4、9、10、12、13、15、16、17、18、19、20、21、23、24

や

- 山………………… 25、26、27、28、30、31、32
- ヤマアカガエル………………………… 23
- ヤマカガシ……………………………… 22
- ヤマネ…………………………………… 12
- ユキヒョウ……………………………… 31
- ゆりかご………………………………… 24
- よう虫………………………………… 7、8、24

ら

- ライチョウ……………………………… 26
- リス………………………………… 10、12、16

39

監修	………………	今泉忠明　動物科学研究所所長
写真提供	…………	海野和男／門崎充昭／東　大樹／
		羽幌町観光協会／
		アマナイメージズ／フォトライブラリー
イラスト	…………	金巻龍平
デザイン	…………	有限会社チャダル、Studio Porto
編集	………………	株式会社アルバ

さがそう！　生きものかくれんぼ❷
山の　かくれんぼ

発　行		2016年4月　第1刷 ©
		2024年10月　第4刷

発行者	加藤裕樹
編　集	堀創志郎
発行所	株式会社ポプラ社
	〒141-8210　東京都品川区西五反田3-5-8　JR目黒MARCビル12階
	ホームページ　www.poplar.co.jp
印　刷	TOPPANクロレ株式会社
製　本	株式会社ハッコー製本

N.D.C.481/39P/27×22cm　ISBN 978-4-591-14835-8
Printed in Japan

落丁・乱丁本はお取り替えいたします。
ホームページ（www.poplar.co.jp）のお問い合わせ一覧よりご連絡ください。
読者の皆さまからのお便りをお待ちしております。いただいたお便りは制作者へお渡しします。

本書のコピー、スキャン、デジタル化等の無断複製は著作権法上での例外を除き禁じられています。本書を代行業者等の第三者に依頼してスキャンやデジタル化することは、たとえ個人や家庭内での利用であっても著作権法上認められておりません。

P7167002

さがそう！生きものかくれんぼ 全5巻

監修　今泉忠明

小学低学年〜中学年向き　各巻39ページ　N.D.C.481　AB判　オールカラー　図書館用特別堅牢製本図書

❶ うみのかくれんぼ

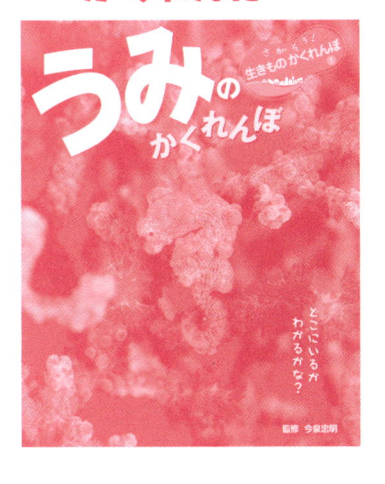

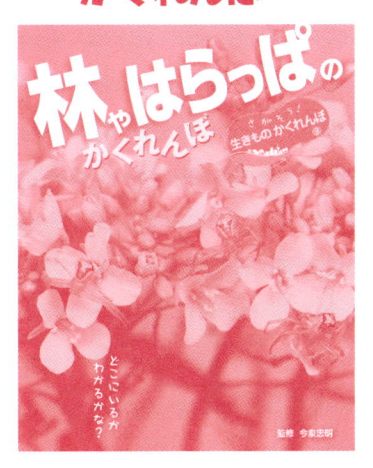

❷ 山のかくれんぼ

❸ 林や はらっぱのかくれんぼ

❹ 水べのかくれんぼ

❺ まちのかくれんぼ

★ポプラ社はチャイルドラインを応援しています★

18さいまでの子どもがかけるでんわ
チャイルドライン®
0120-99-7777

ごご4時〜ごご9時　＊日曜日はお休みです
電話代はかかりません
携帯・PHS OK

18さいまでの子どもがかける子ども専用電話です。
困っているとき、悩んでいるとき、うれしいとき、
なんとなく誰かと話したいとき、かけてみてください。
お説教はしません。ちょっと言いにくいことでも
名前は言わなくてもいいので、安心して話してください。
あなたの気持ちを大切に、どんなことでもいっしょに考えます。

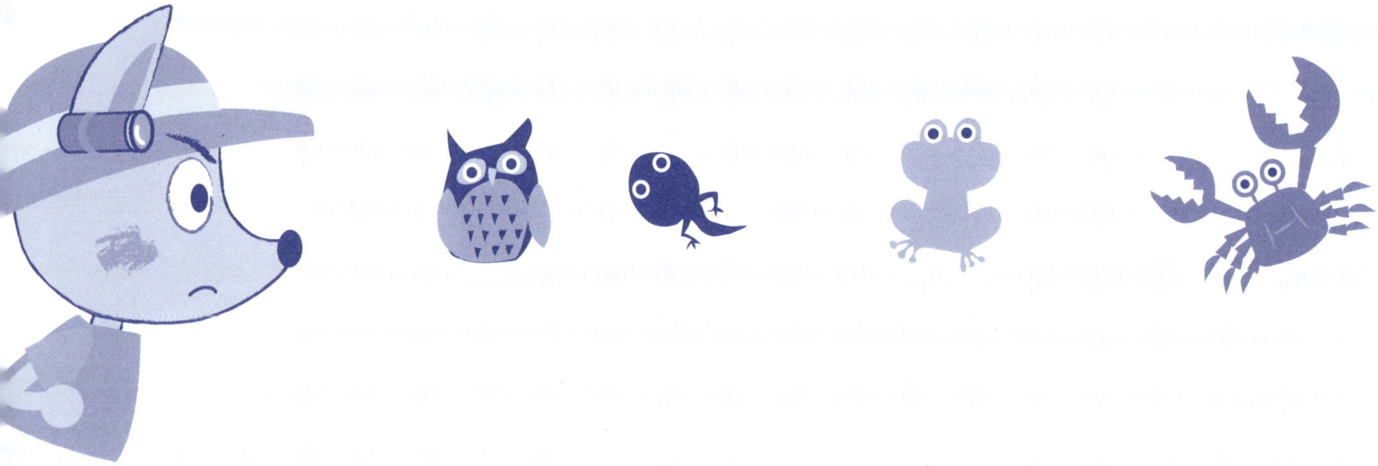

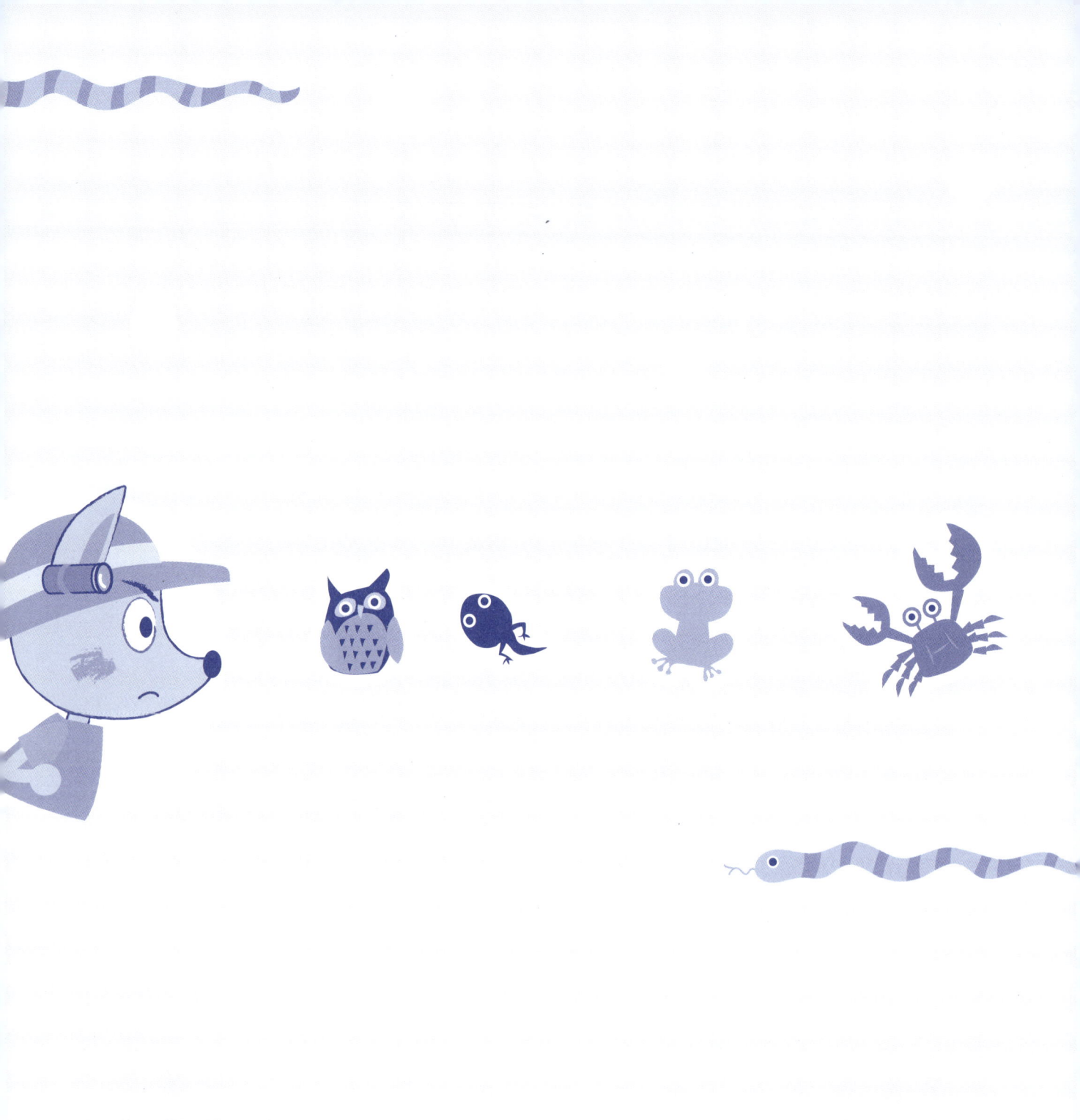